Bibliografische Information der Deutschen Nationalbibliothek:

Die Deutsche Bibliothek verzeichnet diese Publikation in der Deutschen National-bibliografie; detaillierte bibliografische Daten sind im Internet über http://dnb.d-nb.de/ abrufbar.

Impressum:

Copyright © 2016 GRIN Verlag, Open Publishing GmbH
Druck und Bindung: Books on Demand GmbH, Norderstedt Germany
ISBN: 9783668372764

Dieses Buch bei GRIN:

http://www.grin.com/de/e-book/350511/quecksilber-mit-dem-schwerpunkt-toxiko-logie

Laura Kuck

Quecksilber mit dem Schwerpunkt Toxikologie

GRIN Verlag

EICHENDORFF-GYMNASIUM BAMBERG

Oberstufenjahrgang 2015/2017

Seminarfach Latein/Chemie

Thema der Seminararbeit:

Quecksilber als chemisches Element mit dem Schwerpunkt Toxikologie

Verfasserin: Laura Kuck

INHALTSVERZEICHNIS

1. Das Hutmachersyndrom - Eine Quecksilbervergiftung

Es ist eine der bekanntesten Szenen aus Alice im Wunderland: Während der Teeparty sitzt der Hutmacher am Tisch mit Märzhase, Haselmaus und Alice. Er redet in wirren Sätzen, ist unfreundlich, eigensinnig, hibbelig und sprichwörtlich „mad as a hatter". Doch warum wurden Hutmacher oftmals als verrückt bezeichnet? Der Grund dafür ist, dass für das Gerben des Filzes für die Zylinder das hochgiftige Quecksilber verwendet wurde. Der Hutmacher leidet also an einer chronischen Quecksilbervergiftung. Die Folgen dieses Hutmachersyndroms sind unter anderem Nervenschäden, Unruhe, Halluzinationen, Wesensveränderungen und eine nachlassende Intelligenz. [i1] [i2]

Abb. 1: Teeparty in Alice im Wunderland (für Publikation entfernt)

Quecksilbervergiftungen gibt es aber nicht nur im Film, sondern auch in der Realität.

Im Folgenden sollen nun zuerst die Eigenschaften von Quecksilber erläutert werden und anschließend seine Bedeutung in der Geschichte. Da Quecksilber ein Schwermetall ist, wird im fünften Punkt die Toxikologie, also Aufnahme, Wirkung und Symptome, erklärt. Es folgt die Beschreibung von Therapiemöglichkeiten, zum Beispiel mit Hilfe des Gegenmittels Dimercaptopropansulfonsäure. Abschließend soll die Frage der Problematik von Quecksilber beantwortet werden.

2. Eigenschaften

2.1. Physikalische und atomare Eigenschaften

Quecksilber (Symbol: Hg) ist ein chemisches Element mit der Ordnungszahl 80. Es befindet sich in der 2. Nebengruppe („Zinkgruppe") und ist ein Metall. Wie in Abbildung 2 zu sehen ist glänzt es silbern.

Abb. 2: Elementares Quecksilber

In seinen Eigenschaften unterscheidet sich Hg sehr von den im Periodensystem senkrecht über dem ihm stehenden Metallen Cadmium und Zink. Hg zeigt mehr Verwandtschaft mit den Edelmetallen. Die Ursache dafür ist, dass es sich in der Spannungsreihe rechts von Wasserstoff befindet. Der Dampfdruck von Hg ist vergleichsweise hoch; in [2] ist er bei 20°C mit 0,0017 mbar angegeben. Die Elektronegativität liegt bei 1,9. [i7]

Das Atomgewicht von Hg beträgt 209.59. Hg hat eine sehr hohe Dichte (13,534 g/cm^3 bei 25°C) [2]. Sie ist circa sechsmal so hoch wie die von Wasser; Hg wird deshalb von Wasser nicht benetzt. [1]

Beim Vergleich der Oberflächenspannung bei 20 °C von Quecksilber (476,00 in mN/m) und Wasser (72,75 in mN/m) wird deutlich, fällt auf, dass diese ebenfalls fast sechsmal so groß ist. Selbst Eisen schwimmt auf Hg. [i23]

Die Wärmeleitfähigkeit ist mit 8,3 die niedrigste unter den Metallen [i17], und auch die Stromleitfähigkeit ist eher schlecht.

Der Schmelzpunkt liegt bei -38,84° C und der Siedepunkt bei 356,5° C. Quecksilber ist bei Raumtemperatur also flüssig ist, gibt aber dennoch giftige Dämpfe ab. [2]

Doch warum ist der Schmelzpunkt so niedrig (zum Vergleich: der Schmelzpunkt von Gold liegt bei 1064°C)?

Der Grund ist die Elektronenstruktur des Quecksilbers, die sich mit der speziellen Relativitätstheorie von Albert Einstein erklären lässt. Mit dieser Theorie beschreibt Einstein die Eigenschaften von sehr schnell bewegter Materie. Das trifft auch für das Hg-Atom zu. Die 80 Elektronen kreisen um den schweren Kern; besonders schnell sind dabei die 26 Elektronen auf den inneren Schalen. Einstein besagt: je schneller sie kreisen, desto mehr Masse gewinnen sie. Die Folge ist, dass diese Elektronen die positive Ladung des Kerns besser nach außen abschirmen. Dadurch verändert sich die Elektronenstruktur und die Elektronen können nur noch schwer von einem niedrigen Orbital auf ein höheres springen. Letztendlich verhindert dies, dass sich stabile Bindungen zwischen Quecksilberatomen ausbilden, und erklärt, warum es das einzige bei Raumtemperatur flüssige Metall ist. [i3]

„Ohne diese [relativistischen] Effekte läge der Schmelzpunkt von kristallinem, sprich festem Quecksilber um 105 Grad Celsius höher und es wäre bei Raumtemperatur nicht flüssig, sondern fest. ", erklärt der Heidelberger Wissenschaftler Michael Wormit. [i4]

2.2 Chemische Eigenschaften

Die drei Erscheinungsformen von Hg sind das gediegene Metall, ein- oder zweiwertige anorganische Verbindungen und organische Verbindungen. [3]

Hg kommt in seinen Verbindungen in den Oxidationsstufen +1 und +2 vor.

Quecksilber-(I)-Verbindungen enthalten die Einheit $[Hg\text{-}Hg]^{+2}$ mit einer kovalenten Hg-Hg-Bindung. Diese Ionen disproportionieren sehr leicht:

$$Hg_2{}^{2+} \rightleftharpoons Hg^0 + Hg^{2+}$$

Beispiel: Quecksilber-(I)-Halogenoide

Sie besitzen die Form X-Hg-Hg-X, sind linear gebaut und oft toxisch (siehe 4. Toxizität).

Ein Beispiel ist $HgCl_2$ (Kalomel). Außer Hg_2F_2 sind sie in Wasser schwer löslich. [1]

Quecksilber-(II)-Verbindungen bevorzugen kovalente Bindungen, nur Hg_2F_2 ist ein richtiges Salz. [2]

Beispiel: Zinnober

Eine in der Natur vorkommende Modifikation von HgS ist der rote Zinnober. Er besteht aus [Hg-S]-Ketten. Die Synthese von HgS ist: $Hg^{2+} + S_2 \rightarrow HgS$ (schwarz)

Durch Erhitzen von schwarzem Zinnober entsteht roter Zinnober. [2]

Die Legierung aus Quecksilber und einem anderen Metall wie Blei, Cadmium, Gold, Kalium, Kupfer, Natrium, Silber, Zink oder Zinn nennt man Amalgam. [i5] Eine Ausnahme bildet Blei, da dieses nicht in Hg löslich ist. Es wird deshalb oft als

Behältermaterial verwendet. Amalgame sind je nach Quecksilberanteil flüssig oder fest.
[i6]

3. Vorkommen, Herstellung, Nachweis und Gewinnung

3.1 Vorkommen

Der Anteil des Quecksilbers an der obersten Erdkruste beträgt circa 5×10^{-5} %, es ist somit das 62. häufigste Element. Das wichtigste Hg-Mineral ist der Zinnober. Andere Verbindungen wie Kalomel (Hg_2Cl_2) und Coloradoit (HgTe) oder „gediegenes" elementares Hg sind seltener. [2] Quecksilbervorkommen gibt es meist an Stellen mit erloschenen Vulkanen, zum Beispiel in Russland, China, USA, Algerien, Mexiko, Brasilien, Peru, Tschechien, Rumänien und in der Türkei. Die größte Zinnober-Lagerstätte der Welt, die auch schon seit der Antike bekannt ist, befindet sich in Almadén in Südspanien. [i7]

3.2 Herstellung

Reines Quecksilber wird durch das Erhitzen von Quecksilbersulfid während ständiger Luftzufuhr bei über 400°C hergestellt. Es entstehen dabei die beiden Gase Quecksilber und Schwefeldioxid:

$$HgS + O_2 \rightarrow Hg + SO_2$$

Eine andere Möglichkeit ist die Herstellung mit gebranntem Kalk oder mit Eisenspänen:

$$4\,HgS + 4\,CaO \rightarrow 4\,Hg + 3\,CaS + CaSO_4$$

$$HgS + Fe \rightarrow FeS + Hg \quad [i7]$$

Die Quecksilberdämpfe werden in wassergekühlten Röhren aufgefangen und verdichtet und anschließend in Behältern gesammelt. Das Quecksilber hat eine Reinheit von 99,9%. Zur Reinigung von Schwermetallen wird das Quecksilber mehrmals durch eine dicke Schicht verdünnter Salpetersäure (HNO_3) gegossen. Des Weiteren lässt man es im Labor durch fein durchlöchertes Papier oder Leder fließen, um feste Verunreinigungen zu entfernen. [2]

3.3 Nachweis

Quecksilber-Ionen werden mit der Amalgamprobe nachgewiesen. Dabei reduziert Kupfer Quecksilbersalze bei Zugabe einer Säure zu metallischem Quecksilber. Wenn tatsächlich Hg^{2+} vorhanden ist, bildet sich ein silbriger Amalgamfleck. Die Reaktionsgleichung dieser Redoxreaktion ist wie folgt:

$$Hg^{+2} + Cu \rightarrow Hg + Cu^{+2} \text{ [i14]}$$

3.4 Verwendung

Quecksilber wurde und wird noch immer auf vielfältige Weise genutzt. Im Folgenden werden einige Beispiele dargestellt. Quecksilber eignet sich sehr gut als Füllmittel für Thermometer, da seine Wärmeausdehnung zwischen 0°C und 100 °C direkt proportional zur Temperatur ist und das Glas nicht benetzt wird. [2] Wegen seiner Giftigkeit wird es heute aber kaum noch in handelsüblichen Thermometern, Barometern und Blutdruckmessern verwendet, sondern nur noch in der Wissenschaft, wenn sehr genaue Messungen erforderlich sind. [i7] Ein weiterer Nachteil von des Schwermetalls ist der Schmelzpunkt bei -38,84°C, sodass diese Thermometer in sehr kalten Regionen nicht funktionsfähig sind.

In der Industrie spielt Quecksilber in Form einer Natrium-Quecksilber-Legierung bei der Chlor-Alkali-Elektrolyse als Kathodenmaterial eine große Rolle. Auch hier wird nach weniger toxischen Alternativen gesucht, um die Umweltemissionen zu senken.

Seit 2009 dürfen statt Glühbirnen nur noch Energiesparlampen verkauft werden. Das sind Quecksilberdampflampen, bei denen durch das Anlegen einer Hochspannung hauptsächlich UV-Licht entsteht. Dem niedrigeren Energieverbrauch steht entgegen, dass die Lampen als Sondermüll entsorgt werden müssen.

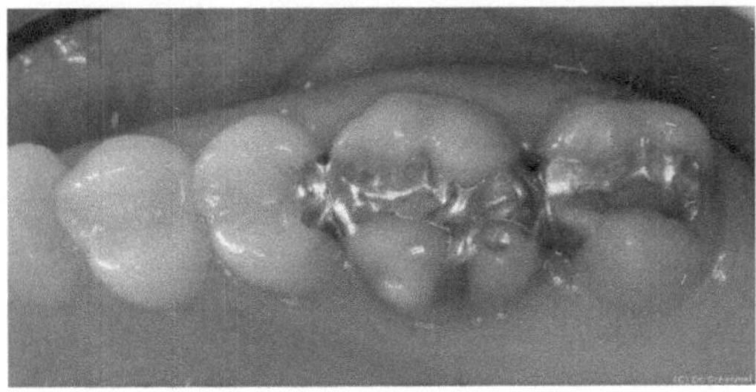

Abb. 3: Amalgamfüllung

Auch sehr umstritten sind Amalgame als Zahnfüllmittel für defekte Zähne. Wie bereits beschrieben gibt Quecksilber auch bei Raumtemperatur giftige Dämpfe ab. Dieses Phänomen wird im Mund durch Essen und besonders Kaugummi kauen verstärkt. Einige Menschen mit Amalgamplomben zeigen auch Vergiftungserscheinungen. Trotzdem sind Amalgamfüllungen in der EU nicht verboten und werden von Zahnärzten als kostengünstige Alternative zu Gold angeboten. [i7]

4. Namensherkunft und Geschichte

4.1 Namensherkunft

Quecksilber wurde im antiken Griechenland hydrargyrum genannt, was übersetzt „Wassersilber" bedeutet. Bis heute wird es im Periodensystem deshalb mit Hg abgekürzt. Die Römer nannten es „argentum vivum", also lebendiges Silber. Im deutschen geht der Name auf das althochdeutsche Wort quecsilabar, also quickes (lebendiges Silber). Die englische Bezeichnung „mercury" entstand erst durch die Alchemisten. Sie benannten das Metall nach dem römischen Handelsgott Merkur und verwendeten in ihrer Codesprache auch das Symbol des gleichgesetzten Planeten Merkur, wie es in Abbildung 4 zu sehen ist. [i8] [2]

Abb. 4: Alchemistisches Zeichen für Quecksilber

4.2 Geschichte

Quecksilber fasziniert die Menschen schon lange. Für die erstmalige Verwendung von Quecksilber im Alten Ägypten gibt es verschiedene Angaben. [i8] nennt als Zeitpunkt etwa 1000 v. Chr., [i9] spricht von 3000 v. Chr. Bewiesen ist, dass roter Zinnober als Pigment für die Bemalung von Grabkammern und Statuen verwendet wurde.

Früheste datierte Hinweise auf die Verwendung von Quecksilber in China stammen aus der Zeit von circa 2500 v. Chr. [i8]. 210 v. Chr. wurde der erste Kaiser Chinas Qin Shihuangdi in einem sagenhaften Grab beigesetzt, in welchem Flüsse und Seen mit dem

Metall gefüllt sein sollten und auf ewig fließen sollten. Im Grab gibt es tatsächlich erhöhte Quecksilberkonzentration. Einige Experten vermuten laut [i10], „ [...] dass der Kaiser Quecksilber verwendete um Grabräuber abzuschrecken oder seinen Körper vor der Zersetzung zu schützen". Jedoch hatte man im alten China noch nichts von dessen toxischen Eigenschaftenwissen können. Davon zeugt auch die Tatsache dass einige Kaiser, darunter auch Qin, Quecksilber tranken, um unsterblich zu werden. Wahrscheinlich starb er aber genau wegen dem Quecksilber. Warum also es im Grab des Gottkaisers eine erhöhte Konzentration des Schwermetalls gibt, ist bis heute nicht geklärt. [i10]

Erkennbar ist jedoch, dass Hg schon früh für die Menschen eine heilende und eine transzendente Bedeutung hatte. Im antiken Griechenland ist Hg spätestens seit dem 4. Jahrhundert v. Chr bekannt, denn 315 v. Chr. beschrieb Theophrast die Herstellung von Quecksilber durch Verreiben von Zinnober mit Essig. Im römischen Kaiserreich wurde Hg elementar oder in Form von Amalgamen verwendet. Goldamalgame wurden zum Feuervergolden genutzt, zum Beispiel für der Pferdequadriga von San Marco in Venedig. [2] Es zählt zu den sieben Metallen der Antike (Gold, Silber, Eisen, Quecksilber, Zinn, Kupfer, Blei [i11].

Eine sehr große Bedeutung hatte das Quecksilber in der Alchemie. Das große Ziel der Alchemisten war bekanntlich die Umwandlung von unedlen Metallen in Edle. Dazu wurde der „Stein der Weisen" benötigt. Dieser sollte zusammen mit Quecksilber in einen Schmelztiegel gegeben werden. Nach einigen Minuten sollte so Gold entstehen. [i12]

Der zu Grunde liegende Gedanke war die Schwefel-Quecksilber-Theorie aus dem 9. Jahrhundert v. Chr. (Abbildung 5).

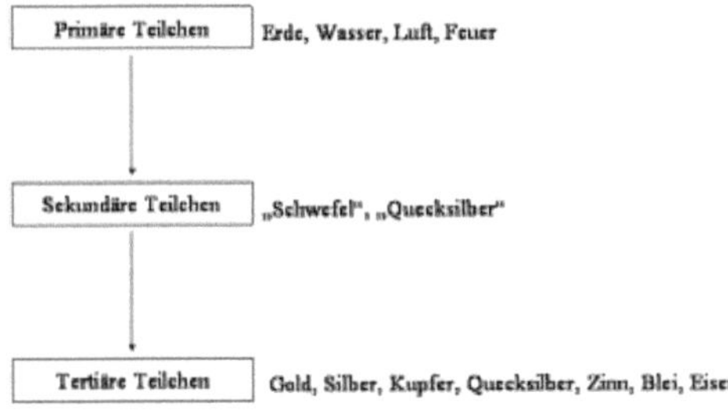

Abb. 5: Die Schwefel-Quecksilber-Theorie

Der griechische Arzt und Wissenschaftler Galen besagt, dass alle Materie aus den vier Elementen aufgebaut ist. [i13] Darauf stützt sich die Schwefel-Quecksilber-Theorie, die auch von Erde, Wasser, Feuer und Luft als primäre Teilchen ausgeht. Die primären Teilchen sollten zusammen mit den sekundären Teilchen Schwefel und Quecksilber, die jedoch nur als „hypothetische Substanzen" beschrieben werden, die tertiären Teilchen, also die Metalle, bilden.

Paracelsus fügte dieser Theorie noch ein drittes Prinzip hinzu, das Salz. [i12] Darauf basierte auch seine Lehre von den drei Prinzipien Merkur (Quecksilber), Sulfur (Schwefel) und Sal (Salz). Er nahm an, dass die Ursache von den meisten Krankheiten eine Störung des Gleichgewichts dieser drei Prinzipien im Körper sei. Paracelsus beschrieb die Stoffeigenschaften folgend: "Der Mercurius ist der Geist, der Sulfur die Seele und das Sal der Leib." Er definierte neurologische Krankheiten, psychische und psychosomatische Leiden, allgemein hormonelle Störungen, Erkrankungen von Oberflächen (Haut, Schleimhaut, Gefäßauskleidung, Zellmembranen als merkurielle Krankheiten. [i13] Die sexuell übertragbare Infektionskrankheit Syphilis passt genau in dieses Bild. Deswegen wurde als Heilmittel eine Salbe bestehend aus Quecksilber und Schmalz, Vaseline, Lanolin oder Olivenöl verwendet. [i7]

5. Toxikologie

5.1 Aufnahme und Wirkung im Körper

Quecksilber und seine Verbindungen sind für den Menschen nicht essentiell, dafür aber sehr giftig. Die Aufnahme erfolgt meistens unbemerkt über die Nahrung, Amalgame in den Zähnen, am Wohn- oder Arbeitsort. [i18]

In dieser Arbeit werden nur die häufigere chronische Quecksilbervergiftung und ihre Wirkung im Körper betrachtet, nicht die akute. Die Symptome einer Quecksilbervergiftung hängen wesentlich vier Faktoren ab: die aufgenommenen Menge, die chemische Form (elementar, organisch, anorganisch), der Zeitraum der Exposition und die Art der Aufnahme (Verschlucken, Hautkontakt, Einatmen) des Quecksilbers.

Als Veranschaulichung dienen die Zahlen der Internetseite [i21]: „Akute Vergiftungen treten ab 0,2 mg Hg /100 ml Blut auf. Hg-Dämpfe ab 0,1 mg/cbm Luft während 5 h

Aufenthalt rufen chronische Vergiftung hervor. Die Letaldosis beträgt 0,2 -1,0 g anorg. Salze bei einmaliger Gabe. ''

Abweichungen der Symptome bei einzelnen Verbindungen sind möglich, da jede Verbindung anders reagiert.

Organische Quecksilberverbindungen

Quecksilber kann durch Bakterien im Boden und im Sediment der Gewässer über eine Biomethylierung zu einer giftigeren organischen Quecksilberverbindung umgewandelt werden. Dabei ist vor allem Methylquecksilber hervorzuheben. Es reichert sich über die marine Nahrungskette vor allem in Fischen an und gelangt durch den Fischverzehr in den Menschen [2]. Aufgrund ihrer hohen Fettlöslichkeit können diese Moleküle leichter die Zellmembran durchdringen und werden deshalb zu über 90 % aus dem Magen-Darm-Trakt resorbiert. Daraufhin verteilen sie sich im Körper; auch die Blut-Hirn-Schranke und die Plazentabarriere sind für die unpolaren Moleküle kein Hindernis. [i19]

Die Halbwertszeit von Methylquecksilber beträgt 70 Tage. [i19]

Summenformel von Methylquecksilber: $CH_3 - Hg^+$

Elementares Hg und zweiwertige Hg-Ionen

Im flüssigen und festen, elementaren Zustand ist Quecksilber noch unproblematisch, da es beim Verschlucken oder bei Hautkontakt nur zu 0,01 % aus dem Magen-Darm-Trakt resorbiert wird. [i20]

Bei den anorganischen Quecksilberverbindungen steigt die Toxizität mit der Löslichkeit. In [i21] ist aufgeführt, dass zweiwertige Salze im Allgemeinen giftiger sind als einwertige.

Eingeatmete Quecksilberdämpfe dagegen werden in der Lunge zu circa 80% resorbiert, ins Blut aufgenommen und in Erythrozyten zu zweiwertigen Ionen (Hg^{2+}) oxidiert. [i18] Hg^{2+} kann einerseits durch Methyltransferasen im Organismus zum starken Nervengift Dimethylquecksilber aufgebaut werden, das wie Mehg wirkt. Der Organismus schädigt sich hierdurch selbst. [i18]

Halbstrukturformel von Dimethylquecksilber: $CH_3 - Hg - CH_3$

Andererseits reagieren die Ionen mit Enzymen und anderen Proteinen. Ein Protein besteht aus verschiedenen Aminosäuren. Diese sind über Peptidbindungen miteinander verknüpft, die Aminosäurereste stehen als Seitenketten nach außen ab. So eine Polypeptidkette bezeichnet man als Primärstruktur. Durch Wasserstoffbrückenbindungen zwischen den NH- und CO-Gruppen der Hauptkette entsteht in der Sekundärstruktur eine alpha-Helix oder ein beta-Faltblatt. In der Tertiärstruktur bilden sich die Bindungen zwischen den Aminosäureresten [4].

Wie bei Abbildung 6 zu sehen ist, gibt es verschiedene Bindungsarten in der Tertiärstruktur, beispielsweise S-S-Brücken, die zwischen zwei Cystein-Seitenketten gebildet werden und die „für den Zusammenhalt der Proteine von äußerster Wichtigkeit sind. '' [i18]

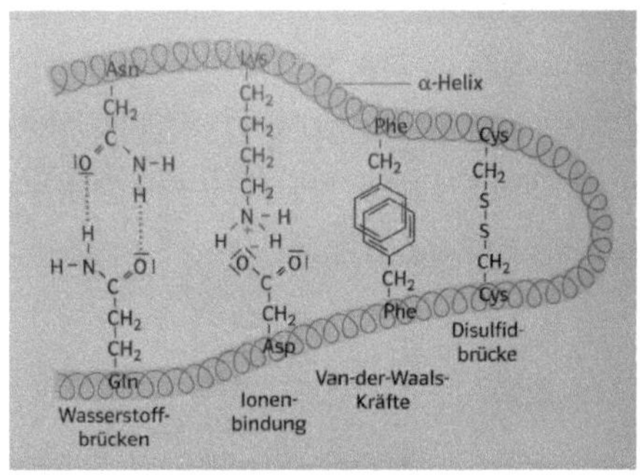

Abb. 6: Tertiärstruktur eines Proteins mit Disulfidbrücke

Hg^{2+} besitzt eine hohe Affinität zu Schwefelatomen und reagiert mit ihnen, indem es die S-S-Brücken aufbricht und sich an sie bindet. Dadurch wird das Protein zerstört und denaturiert. [i15]

Ein Beispiel für ein Protein ist ein Enzym. Enzyme sind Biokatalysatoren, sie beschleunigen also Reaktionen, indem sie Substrate umsetzen. Das Substrat bindet sich an die aktive Stelle des Enzyms, das oftmals aus Sulfhydryl-Gruppen besteht. Hg^{2+} kann am Schwefel angreifen. Dadurch wird die die Passform des Enzyms verändert. Das Substrat kann nicht mehr an das aktive Zentrum andocken und das Enzym ist irreversibel gehemmt. [i16] Die gravierendsten Schäden entstehen bei der Hemmung der Na^{+}/K^{+}-ATPase. Dieses Enzym befindet sich in der Zellmembran. Es sorgt für den osmotischen Druckausgleich in der Zelle, indem es aktiv Natrium-Ionen aus der Zelle und Kalium-Ionen in die Zelle transportiert. Dabei werden große Mengen an ATP verbraucht [i21]

Die Symptome einer Quecksilbervergiftung hängen wesentlich von der chemischen Form (elementar, organisch, anorganisch) und dem Zeitraum des aufgenommenen Quecksilbers ab. Dazu kommt, dass jeder Organismus anders reagiert.

Eine akute Vergiftung entsteht durch die Inhalation großer Mengen von Quecksilberdämpfen. Dies führt zu Husten, Atemnot und allgemein zu einer Schädigung der Bronchien und der Lunge. Die Symptome der oralen Aufnahme sind Metallgeschmack im Mund und vermehrter Speichelfluss. Im weiteren Verlauf kommt es zu Verätzungen des gesamten Magen-Darm-Traktes mit Erbrechen und Durchfällen, und zu einer Schädigung des Zentralen Nervensystems. Die tödliche Dosis für einen Erwachsenen liegt bei ca. 1 bis 4 Gramm.

Die Symptome einer chronischen Vergiftung sind anfangs ein feines Zittern der Hände, es folgen Entzündungen der Mundschleimhaut, Quecksilbersaum am Zahnfleisch, Reizbarkeit, Schlaflosigkeit, Angstgefühle, Sprachstörungen, Kopfschmerzen und Schwindel aufgrund einer Schädigung des Zentralen Nervensystems. [i1] Dazu kommen Wesensveränderungen, leichte Erregbarkeit und soziale Abschirmung, zudem vermindert sich das Kurzzeitgedächtnis, wie auch beim Hutmachersyndrom in der Einleitung beschrieben. [i20]

Bei einer oralen Aufnahme von Quecksilbersalzen kommen noch Verätzungen der Mundhöhle, des Rachens, der Speiseröhre, Übelkeit und blutiges Erbrechen hinzu. [i20] Die Vergiftung kann tödlich enden, da es bis zum Nierenversagen kommen kann. [i19]

5.3 Therapie

Auch nach der Beseitigung der Vergiftungsursache bleibt Quecksilber im Körper gespeichert. Es stellt sich die Frage, wie man eine Quecksilbervergiftung behandelt. Als Antidote (Gegenmittel) werden Chelatbildner verwendet. Das sind Substanzen, die mit positiv geladenen Metallionen Komplexe eingehen. Sie besitzen einen mehrzähnigen Liganden (mehr als ein freies Elektronenpaar) der mindestens zwei Bindungsstellen des Zentralatoms, also des Hg^{+2}, einnimmt. Dadurch ist die entstehende Verbindung stabiler. Ein spezielles Chelat kann jedoch mit jedem Schwermetall einen Komplex bilden. Dadurch kommt es zu einer Art „Fällungsreihe" mit den Schwermetallen im Organismus.

DMPS (2,3-Dimercapto-1-propylsulfonat) ist ein häufig verwendetes Anitdot gegen Quecksilber.

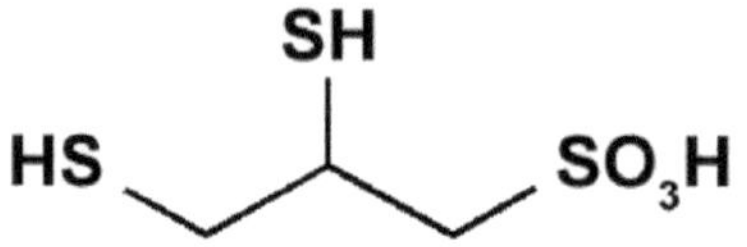

Abb. 7: Strukturformel von DMPS

Die zwei benachbarten Thiolgruppen binden Hg^{+2} an sich und reaktivieren so die blockierten Thiolgruppen der Proteine.

DMPS bevorzugt zur Chelatbildung absteigend folgende Schwermetalle:

Zn - Sn - Cu - As - Hg - Pb - Fe - Cd - Ni -Cr

Es wird deutlich, dass neben Hg^{+2} auch lebensnotwendige Spurenelemente ausgeschieden werden, insbesondere Zink und Selen. Bei einer hochgradigen Vergiftung sind die Nebenwirkungen jedoch zu vernachlässigen. Es ist jedoch wichtig, dem Organismus diese Spurenelemente nach der Behandlung wieder zuzuführen.

Alternativ kann auch Dimercaptosuccinic acid (Dimercaptobernsteinsäure) verwendet werden. DMSA hat den Vorteil dass es im Gegensatz zu DMPS nicht verschreibungspflichtig ist. [i21]

6. Quecksilber als aktuelles Problem am Beispiel der Minamata-Krankheit

Minamata, Indien, 1950er Jahre. 50.000 Einwohner leben in der Stadt am Meer, die meisten davon sind einfache Fischer, die sich täglich von ihrem selbstgefangenen Fisch ernähren. Doch ab 1954 häufen sich bei den Menschen immer die gleichen Symptome: Sehstörungen, Unsicherheit beim Gehen, Zittern der Gliedmaßen und Lähmungserscheinungen. Der später bestätigte Verdacht kommt auf, dass es sich um Quecksilbervergiftungen handeln könnte, die durch den Verzehr von quecksilberbelastetem Fisch entstehen. Tatsächlich leitete der Chemiekonzern Chisso, der mit Hilfe der Katalysatoren $HgSO_4$ und $HgCl_2$ Acetaldehyd herstellt, sein Abwasser ungeklärt in den Hafen von Minamata. Das Unternehmen und die lokalen Behörden bestreiten jedoch, dass dies die Ursache der massenhaften Vergiftungserscheinungen ist. Erst 1959 werden die ersten Entschädigungen an die Opfer gezahlt. Bis heute spüren die

Menschen dort die Auswirkungen des verantwortungslosen Umgangs mit dem giftigen Schwermetall, da Quecksilber erbgutschädigend ist. [i22]

Mit diesem Beispiel soll gezeigt werden, dass Quecksilbervergiftungen weder Einzelfälle noch fiktive Probleme sind. Selbst die Figur des verrückten Hutmachers in „Alice im Wunderland" entstand aufgrund von wahren Begebenheiten.

Die Menschen sind sich der Gefahr von Quecksilber durchaus bewusst: Meeresfische werden kontrolliert, in Thermometern ist es teilweise verboten worden und auch in Chemieunterricht dürfen Schüler/innen keine Versuche mehr mit Quecksilber machen.

Natürlich wird der Quecksilberabbau deshalb in Zukunft nicht eingestellt werden, denn beispielsweise in chemischen Prozessen wird es weiterhin benötigt (Chlor-Alkali-Elektrolyse). Aber ist es wirklich nötig, Amalgame für die Füllung defekter Zähne herzunehmen, wenn es auch sicherere Alternativen gibt?

Bei der Verwendung von Quecksilber sollte sich an die altbekannte Weisheit gehalten werden: so viel wie nötig, so wenig wie möglich.

7. Literatur- und Quellenverzeichnis

Literatur

[1] Wiberg, Nils/ Wiberg, Egon/ Hollemann, Arnold, Lehrbuch der Anorganischen Chemie, Gruyter, Berlin 1995, 101. Auflage

[2] Falbe, Jürgen/ Regitz, Manfred, Römpp Chemie Lexikon Band 5, Georg Thieme Verlag, Stuttgarz 1992, 9. Auflage, S. 3737 - 3739

[3] Wiezorek, Claus, Schadstoffe im Alltag, Georg Thieme Verlag, Stuttgart 1996

[4] Heidefelder, Gabi u.a., NATURA 11, Ernst Klett Verlag, Stuttgart, Leipzig 2009, S. 22 - 23

Internetadressen (Stand: 07.11.2016)

[i1] http://www.zeit.de/2016/03/quecksilber-gefahr-kohlekraftwerke

[i2] http://www.chemie.de/lexikon/Quecksilber.html

[i3] http://www.scinexx.de/wissen-aktuell-16583-2013-08-27.html

[i4]   https://www.uni-heidelberg.de/presse/news2013/pm20130827_quecksilber.html
[i5] http://www.spektrum.de/lexikon/biologie/amalgam/2599

[i6] http://www.chemie.de/lexikon/Amalgam.html

[i7] http://www.seilnacht.com/Lexikon/80Queck.htm

[i8] http://www.uniterra.de/rutherford/ele080.htm

[i9] http://www.periodensystem-online.de/index.php?el=80&id=history

[i10] http://www.zeit.de/2011/26/China-Kaiser-Grab, Seite 1 und Seite 3

[i11] http://de.wikipedia.org/wiki/Planetenmetalle

[i12] http://daten.didaktikchemie.uni-bayreuth.de/umat/alchemie/alchemie.htm

[i13] http://www.google.de/url?sa=t&rct=j&q=&esrc=s&source=web&cd=4&ved=0ah UKEwjGjv3Xg43QAhWKtBQKHSyZAvAQFgg2MAM&url=http%3A%2F%2Fwww. natura-naturans.de%2Fartikel%2Fpdf%2Fdie_lieblingsarzneien_des_paracelsus.pdf& u sg =AFQjCNFDLAwXbxsAjzUnp-by9-8crXmBRw

[i14] http://www.chemgapedia.de/vsengine/vlu/vsc/de/ch/6/ac/versuche/kationen/_vlu/

quecksilber.vlu/Page/vsc/de/ch/6/ac/versuche/kationen/quecksilber/nachweis.vscml.htm
l

[i15]] http://www2.chemie.uni-erlangen.de/projects/vsc/chemie-mediziner-neu/pse/met
tox.html

[i16] http://www.experimente.axel-schunk.de/edm1098.html

[i17] http://www.chemie.de/lexikon/W%C3%A4rmeleitf%C3%A4higkeit.html

[i18] https://de.wikipedia.org/wiki/Quecksilbervergiftung

[i19] http://www.google.de/url?sa=t&rct=j&q=&esrc=s&source=web&cd=10&ved=0ah

UKEwjEz6qVivbOAhXMtRQKHWFKCt8QFghXMAk&url=http%3A%2F%2Fwww.d
guv.de%2Fmedien%2Ffifa%2Fde%2Fvera%2F2013_saet_gefahrstoffe%2F11_steinhaus
en.pdf&usg=AFQjCNG9b-
JNkk_tT1BwjxBVHOlzZIzdCQ&sig2=AX6AYApsUhAFCVo8UvrKgw&bvm=bv.131
783435,d.bGg

[i20] http://www.google.de/url?sa=t&rct=j&q=&esrc=s&source=web&cd=3&ved=0ah

UKEwj979yGjfbOAhVDVhQKHSBxAhYQFggpMAI&url=http%3A%2F%2Fwww.ba
g.admin.ch%2Fthemen%2Fchemikalien%2F00228%2F03912%2Findex.html%3Fdownl
oad%3DNHzLpZeg7t%2Clnp6I0NTU042l2Z6ln1acy4Zn4Z2qZpnO2Yuq2Z6gpJCGeH
x8gWym162epYbg2c_JjKbNoKSn6A--
%26lang%3Dde&usg=AFQjCNE0BPOdcMg45naBPRy6yN1hfvhLqA&sig2=BCoc8p8
3Fv55t4IcBXiAUw&bvm=bv.131783435,d.d24

[i21] http://www.praxisniestegge.de/ganzheitlichezahnmedizin/schwermetalleamalgam

ausleitungsverfahren/toxikologie/index.html

[i22] http://www.zeit.de/1989/32/als-die-katzen-verrueckt-spielten

[i23] http://www.chemie.de/lexikon/Oberfl%C3%A4chenspannung.html

8. Abbildungsverzeichnis (Stand: 07.11.2016)

Abb. 1: https://upload.wikimedia.org/wikipedia/commons/e/e2/John_Tenniel-_Alice's_mad_tea_party,_colour.jpg

Abb. 2: https://www.chemie-zeitschrift.at/wp-content/uploads/2015/10/Quecksilber.jpg

Abb. 3: http://schimmel-laubach.de/temp/image/54e8fbb2689e89885342ff6e0a1a80aa_512_0_c.jpg

Abb. 4: https://upload.wikimedia.org/wikipedia/commons/thumb/2/2e/Mercury_symbol.svg/2000px-Mercury_symbol.svg.png

Abb. 5: http://daten.didaktikchemie.uni-bayreuth.de/umat/alchemie/alchem3.gif

Abb. 6: Brückl, Edgar; Große, Heike; Preitschaft, Christian; Zehentmeier, Peter, elemente chemie 11, Ernst Klett Verlag, Stuttgart, Leipzig 2009, S. 128.

Abb. 7: http://www.fidelia-vlasich-heinisch.at/img/taetigkeitsbereiche/dmps.png